野孩子 手册

冬

发现夜空中的星座

[英]哈蒂·加利克 著

[英]南希·霍尼 摄影

刘 楠 译　　金杏宝 审校

U0196388

少年儿童出版社

关于作者

我们是哈蒂、汤姆、约翰尼和弗丽达。哈蒂是记者，汤姆是木匠，约翰尼身兼深海潜水员和救火员两职，而弗丽达目前正集中精力在学习徒步。

在户外探险中，除我们四人之外，另一群队友也加入了，包括有抱负的航天员马克斯、讨厌豌豆的巴尼、最爱紫色的艾拉、"超级英雄"狄伦、想当兽医的莫雷诺、爱玩游戏的杰诗敏，还有自己缝制衣服的雷米，等等。

我们都居住在一个生活忙碌、空间拥挤、环境凌乱的大都市。我们习惯于这种生活，但也希望不时有逃离的机会，为生活创造一点空间，去寻找生长在铺路石缝隙中的野草，或存活在铁路轨道旁的生灵。

所有在这本书中出现的活动，我们都试过——绝大多数的活动地点都不是我们刻意去寻找的，而是生活中的一个个简单的角落。希望你会像我们一样喜欢这些活动。

目录

引言

既想省钱，又要呵护孩子的想象力，甚至保护我们的星球，这本书正是你需要的那本手册。

没错，这听上去有点野心勃勃，但却是我想坚持做的事儿。本书由一位妈妈撰写，并非完美无瑕。值得一提的是，作者既不是一位能在牧场帐篷里发酵出酸奶的超级妈妈，也不是一位拥有乡村别墅的伯爵夫人，而只是一位寻常的母亲：一位孩子会乱发脾气、沉迷游戏的母亲；一位目光有限，只见高楼大厦、不见乡村荒野的母亲；一位好走捷径、常犯错误的母亲；一位偶尔也会小声咒骂的母亲。

因此，你尽管放松。这本书并不会批评你已经连续四个下午通过让孩子看电视来打发时间；也不期待你长途跋涉数千米去原始森林；或变戏法似的完成精美的手工艺制作；更不指望你的家庭生活照片出现在时尚杂志中受人仰慕：多称职的家长，多可爱的孩子！

这本书是你的朋友。它清晰地列出了自然界里极具魅力的免费材料，每个季节都可以让你们全家迈开双腿，放飞想象。从夏天的羽毛到秋天的浆果，再配上一些日常家居用品作为工具，让探索、玩乐、学习变得简单易行，野外探险就可以从此起步啦！

本书认为，孩子提出的想法一般比成人预期的更具想象力和独创性。因此，家长的任务就是：提供工具来激发孩子的想象力，然后，或是愉快地参与其中，或是轻松地坐在一旁品茗阅读，自得其乐。

因为这本书同样也关心身为家长的你，所以当你的创造力需要被激活时，它也为你提供了上百个好玩的活动及相关介绍。有些活动是为小画家准备的，有些是为小科学家设计的；有些活动只需要十分钟的探险，也有些需要花上整个下午来消化吸收；有些活动只要都市的一个阳台，也有些必须在近乎荒野的地方才能开展。活动的繁简可以根据孩子的年龄和注意力程度来调整。

要记住的是：这本书不是要告诉你具体做什么，我可不敢指挥家长哦！这些活动只是一个起点，你可以严格地遵循书上的内容，也可以和孩子一起在荒野中自由折腾。

这本书可以承诺的是：节约钞票，环境友好。更重要的是，收获快乐，而且是合家欢。因为，诚如著名的美国自然文学作家梭罗所言："所有美好的事物都是野性的、自由的。"其他伟大的哲学家们和荒原狼摇滚乐队，甚至将他们的代表作，直白地取名为"生性狂野"。

10个秘诀让孩子高高兴兴地出门

1.带上食物　走进树林或公园（或任何地方，哪怕离开你的厨房仅十步之遥）前，请务必带上应急的葡萄干、面包或巧克力。糖果肯定是个魔鬼，但这个魔鬼可以使你的孩子走完全程回到车里，这可比那个隐藏在孩子体内的、因疲劳而发怒的魔鬼要好控制得多。如果你要离开家超过一个小时，那么冬天的一瓶热水、夏天的一瓶饮用水是必需的。

2.保持温暖与干燥　别忘记让孩子们穿上当季的衣服，不然孩子受凉后会不停地嚷嚷，甚至会生病。要周到考虑冬季的防风防水、夏天的防晒遮阳，否则一旦疏忽，野趣即刻烟消云散。因此，请在寒冷的季节，穿上防水服、雨靴、袜子，戴上帽子；在温暖的月份，戴上遮阳帽，穿上胶鞋和宽松的棉质衣服。哦，如果你要与带刺的植物打交道，得记住穿上长袖衣裤。有太阳的日子，要涂好防晒霜。

3.谨防与玩具和技术设备竞争　自然的吸引是强力而敏感的，但你不能指望它与平板电脑、玩具相抗衡，这不是一个公平的竞争。因此，当你们出发去野外探险时，请把那些东西留下。不然，当你沉浸于自然之时，你的孩子很可能正陶醉于视频网站，这太冒险了。不过，带上书本总是一个好主意。或为年幼的孩子在树荫下朗读，或让大孩子们在一片寂静的绿洲中享受阅读，如果是有关自然的书就更好啦。

4.灵活安排　你也许已经想好了一个有关解剖蒲公英的活动，然而，你的孩子却想用土豆捣碎机把蒲公英捣成纸浆。在他们把纸浆涂上彩纸之前，你必须立即放弃你的计划，否

则，你将会走向不可挽回的疯狂。

5.三人成群　或许这是每一次外出活动最好的方式。你带的孩子越多，他们的快乐和兴趣就越多，烦恼也会越少。

6.不要低估孩子　看着你的孩子从眼皮底下消失，摇摇晃晃地爬到了一棵树的最高分枝上，或者用小手握着一根大木棍，你可能会感到恐惧。有预防措施是明智的，但记住：你的孩子比大多数成人对他们的评价更有能力和创造力，毕竟，他们具有你的基因。

7.不要太贪心　对你的家庭成员要求太多同样是错误的。孩子的腿不够长，他们的注意力也是有限的，只可能完成一个小计划。即便兴致高涨，也不要让一个4岁的孩子在一条无趣的小路上步行几千米。如果他厌倦了，你只能抱怨自己安排得不够好。

8.不求"完美"　我们的目标不是"光鲜"与"完美"。无论是用树枝做成的木筏、窝巢，还是羽毛笔，完成的作品很可能会不尽如人意。如同你不会对一个嬉皮士要求太多，这只不过是一个过程而已，朋友。

9.注意采集　如果与淘宝结合起来，生活的点点滴滴都可以得到改善。每次你离开家，即开启了一个去发现最美丽、最奇异、最亮丽、最耀眼的自然物的旅行。当你找到一枚自然物，放进口袋里，到家后，将这些宝贝用一个精致的器具陈列起来，放在窗台、书架或壁炉架上。记住，要用心来采集。你可以读一下第8页上的十条戒律。

10.共享快乐　自然活动——最棒并使它不同于所有其他活动（玩具、电视节目、主题公园等）之处——是它不必被贴上"适宜年龄段"的标签。它是适合每一个人的。无论是愉快的，还是讨厌的，都会让每一个参与其中的人感到惊奇，让最不可思议的事情发生在每一个参与的伙伴身上。

工具包

去自然探险或者野外寻宝，最好备齐专业的工具，比如指南针、头灯、画架等。除了购买，我们也可以在厨房的橱柜里找到合适的工具。

如果你有清单中所列出的家用工具，那这本书里的每一个活动都可以开展。它们中的一些正被你闲置在橱柜内或水槽下，有些在杂货店里可以买到。

你可以做的事：

1. 选择相关季节对应的分册——比如秋天，翻到你想要探寻的自然对象，如橡果，你会发现开展活动所需要的一个相关物品的清单。

2. 花30秒钟从完整工具包中找出你所需要的物品，并集中在一个袋子里。

3. 离开屋子。

4. 去野外搜寻你要的橡果（或其他任何自然之物）。

5. 打开袋子，拿出工具，根据你的想象力来指导孩子们去摆弄、敲打、粘贴、涂绘以及捣碎橡果，或利用本书有关橡果那一章节里的活动，来启发大家。

有了这个工具包，你带的这群小鬼可以根据各自的能力，或是共同或是单独完成预定计划，用不同的工具做不同的事情。这样的好处是，在任何一天，任何人采用一套工具和自然材料都能开展无数不同的活动。这些活动有些来自本书，有些来自孩子们的大脑；有些容易，有些复杂；有些可控，有些不可控；有些苛刻讲究，有些会有点脏兮兮。另外，除了那些需要利用工具来完成的活动外，书中也有一些能让你放松身心的瑜伽活动。

完整的工具包清单

剪刀

彩纸

彩色笔和蜡笔（无毒）

绘画颜料（无毒）

刷子

透明胶带

双面胶

绳

蓝丁胶

针和线

铅笔

纸巾

聚乙烯醇胶水（PVA胶水）

食用色素

铝箔外卖盒（只需要在餐后清洗并保留几个）

放大镜

橡皮筋

带盖子的果酱瓶（先准备1~2个即可）

园艺小泥铲

旧床单/白色的碎布料

纸盘

塑料杯

大塑料袋

旧塑料瓶

记号笔

烤肉叉子

鸟食

托盘或塑料垃圾袋

卷尺

旧纸盒碎片（小片就行）

吸管

手电筒

白纸

纸板（卡片）

盐

小刀

塑料吸管

手表/秒表

毛巾

蜡烛

丝带

酸奶盒（罐）

水桶和铁锹

　　这是你需要的所有工具，你也可以酌情带上自己喜欢的工具。像我的一位家人，每次离家时总希望戴头灯、穿雨衣并拿上指南针，你为什么要去阻拦他呢？

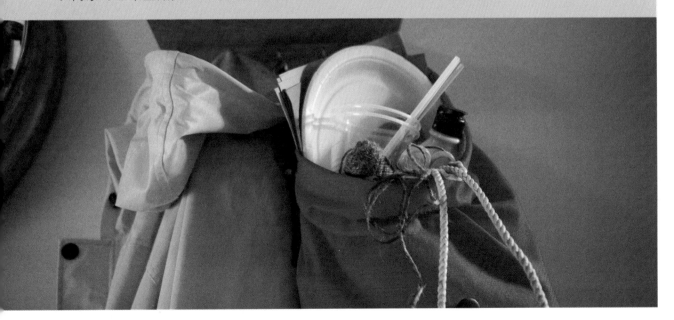

自然与孩子 ——
理想的，糟糕的，危险的

直觉告诉我们，自然是"一个好东西"。然而，就像我家一样，日常生活总是按部就班地进行，不经意间数周时光已经过去，而我们却并未接触到这个好东西。

回忆一下你最快乐的时光：令人眩晕的喧闹、快节奏、焦虑生活中的片刻宁静，如同暴风雨中心的平静一样。你肯定经历过。当时你或许并不是在一边刷微信一边发消息，也不是在听音乐、看电视，而很可能是在户外。

对我来说，这正是尽量多带全家外出的最好理由。在广阔的天空下，甚至在一个普普通通的公园里，我们彼此亲近在一起。我们给予彼此更多喘息的空间，无论是字面本身还是比喻的意思。我们斗嘴少，笑声多，站得更高，呼吸更深，行动更快，我们也都更专注。好像我们的注意力远远超出了广阔的地平线。

如果你需要更多的理由激励自己走出家门，一系列有说服力的、不断增加的、有关自然好处的研究结果可以供你参考，尤其是针对孩子的。下面我们来看一些科学调查的结果。

理想的

● 在最幸福的英国人中，80%的人说，他们与自然有密切接触。

● 英国儿童慈善机构Play England的调查结果，打破了现代孩子更喜欢在室内玩科技产品的神话。当被问及最喜欢在哪儿玩，88%的孩子都说喜欢海滩或河边，79%的喜欢公园。球类、骑车、爬树都比电脑游戏更受欢迎。

● 伦敦大学国王学院对相关研究进行综述时发现，在自然环境中学习的孩子，在阅读、数学、科学和社会学方面的表现更好。

● 2006年，英国政府的自然环境顾问机构Natural England对青少年休闲时间的研究指出，花时间融入自然可以产生更好的自我形象，提升自信度、社会技能和处理不确定事务的能力。

● 若干研究指出，接触自然能减少攻击性行为。

● 最低程度的接触自然也有作用。美国宾夕法尼亚州的一家医院历时10年研究发现，能通过窗户看到树木的病人和那些面对墙壁的病人相比，需要的止痛药更少，并发症更少，出院也更早。

糟糕的

● 三分之二的英国家长相信，他们孩子的自由散步时间比散养鸡还少。

● 美国孩子每天户外的自由活动时间，平均只有30分钟，而在电视屏幕前的时间则长于7个小时。

● 2009年，仅有10%的英国孩子在自然环境中玩耍；而在20世纪70年代则有40%。

● 2014年，基于2000名英国中小学生的调查显示，35%的学生从未去过乡村。

● 根据2008年英国慈善组织National Trust的调查，三分之一的孩子无法辨认喜鹊，一半人讲不出蜜蜂和胡蜂的区别；然而，90%的人却能认出科幻片中的机器人戴立克。

危险的

● 在英国2~15岁的孩子中，30%超重或肥胖。在美国6~11岁的孩子中，肥胖儿的比例比20年前翻了一番。

● 在美国，精神失常儿童的数量在过去的10年中持续上升。现在，美国有高达20%的人遭受精神失常的痛苦。

● 在英国，从2007年到2012年，利用药物来治疗注意力缺乏症和多动症的孩子超过50%，仅在一年中就开出了657 000份处方。

● 统计显示，在英国10%的孩子和青年有精神健康问题。他们中的4%正在遭受诸如焦虑症和抑郁症的困扰。

十条戒律

培育而不是伤害自然的一般守则：

尊重所有野生生物

不恐惧任何生命，不压、不踩、不重击它们，无论它们是多么渺小与丑陋。在野外，你有时会发现，自己只是野生之家的一位客人，要和你的野生朋友友好相处。

尊重私有财产

不管是一片田野还是一个花园，如果它属于别人，就不要去侵犯它。想象一下，如果有人闯进你整洁的家园，并开始翻箱倒柜，将东西扔出窗外，你会有何感受？

尊重公共空间

这些地方你当然可以用，但是切记，你的使用不要妨碍后来者的使用。不要因你的行为，使美丽的自然成为其他人眼中的一个野餐点上留下的一堆废弃物。

阅读和尊重标识

就个人而言，在篝火营地，每当看到"禁止踢球"的标识时我会更想踢球。但每一个标识都是有道理的。尊重标识，也就没有人会扫你的兴。

考虑其他的使用者

你在打泥仗，或玩泼水时发出的刺耳叫声，会让旁边一对打算来一次浪漫野餐的情侣兴趣索然。要友善地减小声响，保持安静，或干脆换个地方。

留下你所发现的东西

最好是在你打道回府时不留任何痕迹，尽量确保你所发现的地点与你到达时没有两样。

将你制造的垃圾带回家

带走任何你带来的东西，包括剩余的野餐食物、工具及你的户外作品，除非它由百分之百的自然材料构成，能够返回自然状态。

让动物处于受控状态

包括那些更"野蛮"的家庭成员，我这里特指狗狗。

路边的野花不要采

对花草还是以拍照的形式来保存为好，而不是采摘。当然你可以采集跌落的花朵、落叶、少量散落的细枝、剥落的树皮。

思考：有些生命在这里生存

就算是生长在路面石板缝隙中最矮小的两片叶子也可能是某些动物的家园。自然世界是属于你的，也是属于其他生灵的。

冬

　　"一个寒冷冬日，树叶已然消失，天空灰暗一片！我们出去走走！"这些词可能还不够押韵，不过一旦踏步出去，我们就有了自己的摇滚乐队——成员有妈妈、爸爸、女儿、儿子以及一群朋友……

　　眼下，上述情景中的"妈妈们"正在做着加州梦呢。显然，当我们说"出去走走"时，并不是一般成年人所理解的散步。在我们家，如果想让距离超过几十米的冬季散步取得成功，它必须是一场面向甜食的朝圣之旅（每隔60秒，都要提醒一次旅行目的地是糖果圣地："记住有巧克力/蛋糕/巧克力饼干蛋糕！！！"），或者沿途伴随狂野的歌曲和精心准备的惊悚探险故事，走到墙边和路灯下时，还得适时插入一些哑剧手势来助兴。

　　旁边的邮递员有点焦虑，这很正常。我们看起来一定有点疯狂，不过事实恰恰相反，这些户外旅行能让我们保持理智。

　　在家里——通过收音机、电视、网络等——接收到的新闻似乎每天都在告诉我们：禁锢在家的生活方式对孩子的身心发展是危险的。联合国儿童基金会在2011年发现，英国儿童是世界上最不开心的孩子，基金会指责英国父母把孩子困在"强制消费"的怪圈里，灌输给孩子们的是上课、玩具、名牌，而非孩子们真正渴望的东西：与他们喜欢的人共度时光，在户外开展有趣的活动。

　　我知道现在很流行责怪父母，但这似乎不太公平。早在2010年，英国皇家鸟类保护协会就受委托开展了关于儿童自然体验的新研究。协会编制了12项户外活动清单，比如爬树、找虫、喂鸟等，然后询问英国成年人，在他们关于童年的记忆里留下了多少项活动。

　　至少有一半的受访者能够记得自己做过全部12项活动，回忆最多的是爬树和收集、玩耍七叶树栗子，大约有70%的受访者都有这些记忆。而且，也许最重要的是，92%的受访者认为应该让今天的儿童经历和体验这类活动。

　　没错，我自己童年的神奇之处就是那段"无所事事"的漫长时期，当然，所谓的"无事"，其实是"很多"。因为——正如我们自己发现的那样——如果你坚持把孩子放出去，除了雪球以外不提供别的玩具，娃儿们自己便会想出许多点子来。

一些冰冻的水、一根胡萝卜和一把鹅卵石总是拥有无限的可能性，总有一些东西是塑料和科技无法替代的，甚至连组织得最好的活动也无法取代它们对智力的挑战和开拓。正如美国"东敲西打"学校的创始人吉佛·图利在一次演讲中所说："我们不需要另一代非常擅长考试的孩子，我们需要的是一代又一代这样的孩子：他们能将世界上真正棘手的问题视作挑战，并有韧劲、有创意和创造力去解决这些难题。"

但事情不总是那么简单，尽管我们有最好的愿望，一到年底，我们家里每个人仍似乎都有点疲惫不堪。家庭作业、工作、感冒、开车接送、圣诞派对、蛋糕、过剩的廉价酒和身为父母的愧疚感——这一切似乎不可避免地导致我在户外"无所事事"的时间越来越少，花费在电子屏幕上的时间却越来越多。

这是一个恶性循环，如果不加以制止，我们的身体将越来越圆，眼神会越来越呆。因此，在我们紧张的思绪崩溃之前，这里有一个简单的想法：只是偶尔，让每个人（包括过度紧绷、过度焦虑、只想做好事情并且每天只睡五小时的家长）休息一下？

为了寻找这样一个休息的机会，我们全家走到了户外。让电流的嘶嘶声消失在我们呼出的气团中，看看自己在水塘中的倒影而非屏幕，跺跺脚，拉伸一下在电视机前、笔记本电脑下蜷曲的双腿，让我们的靴子动起来，任思绪在鸟类飞过的气流中翱翔、释放。然后，再喝一些热巧克力。

现状实录

■ 在全球范围内，5岁以下的超重儿童数量估计超过4200万人。世界卫生组织认为，儿童肥胖是21世纪最严重的全球公共健康危机之一。

■ 在英国，每10位5～16岁的未成年人中就有1位被临床诊断患有精神疾病。

■ 在美国，3～17岁的未成年人中有6.8%被诊断患有多动症，3%患有焦虑症，2.1%患有抑郁症。

■ 美国儿科学会表示，每天一小时的自由玩耍对儿童的身心健康至关重要。

■ 英国皇家鸟类保护协会在报告《户外的每一个孩子》中提道："有力的证据表明，户外活动是身体运动最有效的方式，特别是对学龄前儿童来说。"

■ 同一份报告还指出，户外活动"似乎可以改善儿童的多动症……效果相较于室内环境要好上三倍"。

■ 2015年，英国皇家鸟类保护协会和其他25个知名野生动物保护组织呼吁，将英国医保1%的预算用于利用自然预防和解决肥胖和精神疾病等问题。

■ 99.9999999%的父母都是好人，只是想把事情尽力做到最好。（仅凭感觉，非科学调查，然而，本书谦卑的作者却做了精准的调研。）

常绿植物

有时候，我觉得把冬天比作英国广告标准管理局的一个虚假营销的典型案例是再合适不过的。

"瞧！"我用手指戳着冬季广告大声喊道，"照片里展示的都是皑皑的白雪、胸部火红的知更鸟、如同完美的小餐巾一般的冰凌以及温暖的火焰。"接着，为了证明这是一个虚假营销，开始进入我的"法官审判"时刻（我的"朱蒂法官"真人秀时刻到了）：被灰色笼罩的行人无精打采；路上的雪泥灰头土脸——就像一个狂躁抑郁的画家把"柔软的雪"和"浓重难闻的烟雾"混合在他的调色板上；缺乏维生素B的脸庞灰白无光；散落的垃圾在灰暗的泥地上成了灰色泥浆；所有东西都笼罩在灰色和潮湿之中。这种景象无处不在已成常态，这是一种符合存在主义的哲学状态——我又湿又灰，所以我存在。

"陪审团的女士们、先生们，我问你们，眼前的景象和照片中的景象一样吗？"我真想怒吼，商家是否应把钱退还给我，给我一个巴哈马群岛的假期，以弥补我抑郁的情绪。

但冬天不应该是这么糟的。英国国土至少有10%（确切来说是11.6%）是由美丽的森林组成的。在这么巨大的空间中，针叶树占据着统治地位。据估计，59%的森林主要是由这些常绿树木组成。冬天的常绿植物意味着……真正的绿！它新鲜、明亮、清爽、乐观，不是灰色，是绿色！要想摆脱灰暗，你要做的就是前往离你最近的森林。

当然，也有令人沮丧的地方。绿色森林在逐渐减少。根据联合国粮农组织的数据，20世纪90年代，森林砍伐达到了历史最高水平，全世界每年平均损失1600万公顷的森林。即便是现在，联合国估计，每年大约也要失去1300万公顷的森林——相当于英格兰的国土面积。按照这个速度，研究人员预测，森林面积将会在两个世纪内从现在占世界陆地面积的30%降低到22%。

建造为我们所用的房子、工厂、商店和高速公路，发展为我们提供粮食的农业，开发满足我们美满生活所需的能量，处理生活中的大量废物……这一切都是以牺牲树木为代价的。

毋庸置疑的是，树木对我们非常重要。它们为我们提供食物、药物和温暖，它们调节地球的温度和降雨，制造氧气，吸收人们自工业革命以来排放的过量的二氧化碳。在写作本书时，英国就有440多个古老森林受到了威胁。与其他任何栖息地相比，这些森林供养了更多数量的濒危物种，森林对于野生动物和国家形象来说都是至关重要的。除此之外，我个人认为，在英国这个平缓的小岛上，也许森林最重要的意义，是为我们的冬天增添色彩，并帮助我们与每年危险的流行病——"季节性情绪失调"做斗争。

引人思索的事实

■ 用冬青来装饰房屋的历史已经有数千年了。传统认为，它可以用来辟邪，尤其是驱散女巫和小妖精。

■ 落叶树之所以把叶子脱落，是为了适应寒冷或干燥的气候。

■ 常绿树也会掉叶子，但它们是慢慢地，而不是一下子全部脱落。

■ 热带雨林的大多数植物都是常绿植物。

■ 在其他地方，保持常绿是对低营养环境的一种回应，落叶会丢失营养。

■ 印第安人用常绿树的针叶泡茶，像嚼口香糖一样嚼树脂，用内层树皮做食物和药，用木材建造房屋和制作工具。

携带的工具

剪刀	PVA胶
纸盘	果酱瓶
透明胶带	针和线
白纸	蜡笔
颜料	绳子
刷子	

起步的建议

搜寻颜色

穿上你的长筒靴和雨衣，带上装满水的保温杯，和灰色抗争：你能在自然界发现多少种颜色？也许是邻居花园里一棵高耸的针叶树，或是知更鸟胸膛上的一抹红色，或是一粒冬青果，或是云层之间一片蓝色的天空，抑或是一株蕨类植物和一大潭泥浆中的一小片绿草。记下你找到的每一件东西和它的颜色——谁找得多谁就获胜。

注意 试着边走边把你的发现简单地画出来。

制作常绿花环

1 收集一些用来装饰花环的常绿植物：带有果子的冬青、松针等。

2 拿一个纸盘，把中间部分剪掉，留下它的边缘部分。

3 将常绿植物沿着边缘放置。

4 当你对它们的摆放感到满意时，把植物们粘上去。

5 把你的常绿花环挂在门上或墙上。

用松树做装饰物

星星

1 每颗星星需要5根长长的松针，每根差不多长度。

2 把松针摆成五角星的形状。

3 用线将两根松针交叉的地方系起来（包括五角星的顶点），这属于比较精细的手工活。

4 将五角星其中一个顶点用一根长线系起来，然后系一个圈，以方便你把它当作圣诞树的装饰物挂起来。

注意 如果你能找到一些红色的浆果，先把它们穿在松针上，然后再将松针绑成五角星形状，这样就可以为你的装饰物增添色彩啦。

爱心

1 制作一颗爱心，需要6根长长的松针。

2 把它们扎成一束，底部紧紧绑住（最好用一根好看的、色彩鲜艳的绳子）。

3 把这束松针一分为二。

4 这样每束就变成了三根松针，你可以将其编成辫子，将它们的末端用线扎起来。

5 到这里你已经完成了三分之一，接下来就是把编好的两束松针用线系起来。

6 将每束比较松的一端沿着底部弯曲。当你得到一个较为满意的爱心形状时，把它们用线系起来。

7 把你制作的爱心挂在圣诞树上。

印刷松针雪花

这可以用来制作圣诞贺卡，或者感谢信之类的……

1 出去找一些带有短松针的、掉落的树枝（要是你有一棵真的圣诞树，也可以从那里剪一根下来）。

2 在树枝的末端涂上白色颜料，然后将其尖端垂直压在彩纸上。

3 为了得到一个完好的雪花印痕，你可能需要重新涂上颜料，然后把它在纸上多压几次。

4 如果你想制作包装纸，就连续印刷，直到你把纸都画满了。如果你想制作卡片，那么就按照固定的间隔印上雪花，这样你就可以将其剪成长方形，并做成卡片了。

用冬青做驯鹿角

也可以做成圣诞卡片……

1 出去找一些冬青树的叶子（当心被它刺到）。

2 当你收集到叶子后，准备一些彩色的纸。

3 在纸上绘制驯鹿的脸，记得在纸的上方留有足够的空间，能够加上鹿角，如下图所示。

4 完成之后，把冬青叶子加在驯鹿的头上做成两个鹿角，用冬青果实做它的鼻子。

制作松树香水

1 找尽可能多的松针。

2 将这些松针放进果酱瓶。

3 加足量的水，淹没它们。

4 然后找一根树枝，捣碎、搅拌、摇晃，直到你用光力气。

5 把果酱瓶的盖子盖上，放置一夜。

6 闻一闻你制作的诱人香水吧。

注意 你可以随意添加其他配料。我还尝试过加入泥浆，它会使芳香更厚重，但我不确定我该不该推荐这种配料。

制作圣诞树拼贴画

1 出去找一些树枝。你需要一根又长又粗的树枝，外加一些小的细枝。

2 用刷子将大的树枝垂直粘在纸上——这就是圣诞树的树干。

3 接下来是细枝，它们是圣诞树的树枝。如果你希望这棵圣诞树越往上越窄，就需要把细枝剪得越来越短，然后再将它们按照一定的间隔粘在树干两边。

4 等它们干了以后，收集一些松针。由于你的树比较小，所以你最好找一些短的松针。你也可以用剪刀把长的松针剪短。

5 用刷子在纸上涂一层胶水，涂在树枝中间，成金字塔的形状（这样的话树形就会会自下而上收窄）。

6 在树上撒一层厚厚的松针，然后轻轻按压，确保它们接触到了胶水。

7 等干燥以后，拿起纸，抖掉上面多余的松针。

制作松针手镯

1 取三根长长的松针。

2 如果它们足够柔韧的话，将它们的一端打一个结，如果它们不够柔韧，用线将它们系起来。

3 将松针编成辫子。

4 将它们的末端再次打个结，或者用线绑起来。

5 多做一些，将它们连着绑在一起，直到你得到一个能够环绕你手腕的镯子。

制作蕨类植物拓印

蕨类植物的一些特征使它们特别适合用来上色，然后压在一张纸上。

1 出去找一些蕨类植物——森林是最佳地点。

2 当你收集了一些以后，用刷子给它们涂上颜色，也可以在纸上涂一层厚厚的颜料，然后趁颜料还没干的时候将蕨类植物压在上面来取色。

3 将这些蕨类植物在纸上放平，然后轻轻地按压它们。

4 将蕨类植物小心地从纸上取下来。

5 画上不同的颜色，重复上述步骤，你就能做出一张包装纸啦。

做一只刺猬

有两种方法供你选择：一种费时耗力但会让你印象深刻，另一种简单而又不失乐趣。

费时但印象深刻的 找一块形状像鸡蛋的石头和一大把松针。在石头较窄的那端画上脸，后面涂上一层厚厚的胶水。当你面对脸部开始制作时，从后面开始，将干燥的松针一层一层粘贴上去。记住，松针的朝向需要指向刺猬的尾巴。

简单快乐的 在纸上画一只刺猬的轮廓，把它的脸也画出来。然后用一层厚厚的胶水涂满刺猬的身体。将松针插在上面，记住，松针的朝向需要指向刺猬的尾巴。

制作松针毛笔

1 找一小把松针，用剪刀将它们剪成一样长。

2 将松针的一端用透明胶带卷起来。瞧，它变为一把刷子啦！

3 将刷子松散的一端蘸上颜料，然后就可以作画啦。

注意 如果你想要一个更长的手柄，可以试着将刷子聚拢的那端粘在一根树枝上。

为小精灵建造蕨屋

1 收集5～6根直直的树枝。

2 用绳子将它们的一端绑起来。

3 将松散的那端摊开，做成一间小棚屋的形状。

4 将树枝的端部插入地里，这种结构能保持它的形状。

5 然后用蕨类植物覆盖树枝，为精灵提供一间庇护所。

夜晚

晚上6时，附近的公园一片漆黑，只有路灯宛若一个个小小的月亮，发出微弱的光芒，照着周边的小路。一个骑自行车的人偶然路过，他的车头灯划射出一道流星般的光芒。附近街道的窗户里透出点点微光，宛如天外星系。这个小小的"太阳系"中有个炽热的太阳：草地上燃烧着的一团火焰。黄色的光芒投射在一群孩子的脸上——他们的眼睛睁得大大的，认真地注视着眼前的景象。在他们身后，电缆塔的巨大剪影与冬天光秃秃的黑色树枝纠缠、交错在一起。

这些孩子在呼气时，呼出的气在寒冷的空气中凝结成蘑菇状的水雾。但是现在，他们正屏住呼吸，仔细聆听。一位女士张开手臂，正给他们讲述一个令人着迷的、发生在电视节目出现前的故事，时间之久远可以追溯到2500年前。

我们最开始进行户外探险时，常常是独自行动。一天下午，我们看到了一张贴在灯柱上、被雨水弄脏的海报，上面写的是一则关于非官方组织的户外游戏班的广告。这个游戏班由当地的家长组织，经常会举行活动，做一些我们之前一直在做的事情。这个团队的实质，除了开展户外活动之外，并没有什么雄心壮志，只是为了结伴玩耍而已。

星期二放学后，我们通常会沿着水渠散步，从并不清澈的一端走到一个开阔处，与当地的住户一起忙着做饭，在这里凑合着吃个晚餐，参加一些轻松的活动。大人们喝着茶，孩子们则在地上乱爬、乱跑，赶在上床睡觉前进行最后的放松。

年华似水流淌，色彩渐渐变得柔和，日照也逐渐变短。树木开始落叶，我们则添了衣服；草长得更乱了，孩子们也长高了点儿。

除此之外，什么都没有改变。现在，我们都为圣诞节之前的最后时刻做好了准备。

家长们开始无动于衷地分发用保温瓶装的加了香料的热葡萄酒。然而，关于无限开阔的天空、霜冻、故事和火焰的火花则把我们带向了遐想，不只是带到了过去，而是带向了一个永恒的空间。在这个空间里，尽管有手机偶尔发出亮光，有汽车飞驰而过，还有印着卡通图案的背包，我们与曾坐在这片草地上的远古同胞不再有距离感，而是产生了更加紧密的联系。

我们看着孩子，有的专心致志一动不动，有的扭来扭去，有的拨弄着篝火，还有的在和同伴玩闹。我们仰望天空，星星和云朵点缀其间，还有一抹光污染和飞机划过的痕迹。我们望向黑暗，看到了摇曳的树枝、老旧的灌木树篱、栏杆和远处高层建筑的影子。我们听着故事，同时还听到自己的呼吸声、喇叭声和一个孩子嚎啕大哭的声音。一切都让人感觉……还不错，不同事物之间达到了一种平衡，就好像一切都会好起来一样。

然后，一个孩子打破了平衡，风也呼啸起来，我们离开此地，去找我们的车，回到有着中央暖气、无线网络和超市存货的生活。这种平静的感觉只在我们的脑海中停留了一小会儿，就像寒冷的幽灵只是在我们的脸颊上短暂停留，等我们回到屋子里便不复存在。但这种短暂的平静却缓解了由工作清单、账单和未完成的作业带来的压力，就像是无限开阔的天空让我们有机会对其余的一切开始客观地审视一般——我们期待着下一次不容错过的美好户外生活的召唤。

引人思索的事实

■ 大多数猫头鹰都是夜行性（只在夜晚出来活动）或晨昏性（黎明和黄昏出来活动）的。

■ 蝙蝠用回声定位技术在黑暗中看清四周的环境。它们先发出声音信号，然后等待，看看声波反弹回来需要多长时间。这能够让它们知道自己与周围物体的距离（并且能够避免撞到东西）。

■ 尽管刺猬的眼睛能够适应黑暗，但它们的视力其实很弱，它们主要依靠听觉和嗅觉。

■ 只有少数鸟儿会在夜晚鸣叫，包括猫头鹰、长脚秧鸡、欧夜鹰、夜莺、苇莺和水蒲苇莺。

■ 由于星星距离我们十分遥远，而光的传播需要时间，所以当你仰望星空时，你看到的是星星过去发出的光。

■ 只有12个人成功登上了月球。

■ 我们都是由星尘组成的——你体内的每一个原子都源自恒星爆炸产生的尘埃。

携带的工具

白纸	外卖盒
铅笔	放大镜
手电筒	剪刀
园艺小泥铲	透明胶带
卡片	可选工具：巧克力热饮

起步的建议

看星星

　　理想状况下，你需要一个晴朗、黑暗的天空，找一个远离灯光的地方，远离诸如街灯、商店门前通明的灯火和办公楼无情射入天空的灯光。但是对于那些梦想着从15层混凝土森林或近郊乘坐火箭到太空中旅行的小小航天员来说，还是有希望的。冬天，天空比夏天黑得更早，探索夜空的可能性是无穷无尽的。你所需要的只是一个晴朗的夜晚、这本书、一个开阔的地方（花园、公园甚至是阳台都可以）、暖和的衣服、热饮、想象力和闪亮的眼睛。准备好了吗？好，看看你能不能发现下面这些星星。

　　■ 北斗星　■ 双子座　■ 猎户座　■ 仙后座　■ 双鱼座　■ 北极星　■ 金星

　　注意　当你身处世界的不同地方，看到的星空也不一样，但你总能从网上找到观星指南。不管你在哪里看星星，不要忘记寻找流星和其他行星，并注意观察月相。

创造你自己的星座

　　有时候，寻找那些正式命名的星座可能有点困难。不要担心，试着找找属于你自己的星座。那边的那组星星看上去是不是像海盗船，或者像北极熊？你能看到一辆火车或是一只老虎吗？那是龙，还是恐龙？把这些指给你的朋友看。

寻找UFO（不明飞行物）

　　在写作本书时，一个名叫"关于UFO现象和寻找外星生命的科学研究"的网站宣称，自2013年10月成立以来，已经收到了7500例目击UFO的报道。2013年的一项调查显示，25%的美国人相信外星人曾造访过地球。如果你想与外星人近距离接触，下面便是提高概率的方法。

　　1　去热点地区。比如英国的巨石阵、俄罗斯的索契、澳大利亚的纳拉伯平原和美国内华达州的51区。那里都有外星人造访的记录。当然花园和公园也可以。

　　2　准备好近距离接触的工具：白纸和铅笔（用来记录和描绘这超凡的现象）、放大镜（彻底搜索外星人留下的线索）、园艺小泥铲（用来挖掘不明飞行物的碎片）、外卖盒做成的帽子（保护大脑免受电磁场干扰）。

　　3　寻找：天空中奇怪的光、怪异的声音、陆地上奇怪的标记和可疑的物品，这些有可能是外星人登陆的迹象。

　　4　找一个藏身之处。最重要的是不要让外星人看见你，以免吓跑他们，或被他们绑架，或者被他们偷走你的巧克力热饮。

寻找夜间活动的动物

　　我们眼皮底下还有一个完全不同的世界，那里的居民和我们在同一条街道散步，闻着我们每天使用的垃圾桶，和我们在同一个花园里溜达和玩耍。要想进入这个世界，你要做的就是天黑后行动。保持安静、不动和温暖，你会看到另一个世界活生生地出现在你面前。

　　不要用手电筒或发出噪音，你会把它们吓跑的。

　　要穿得暖暖的，仔细听——你可能会听到一些你看不见的动物发出的声音。

　　注意　在家里也能开展这项活动。如果你把客厅的灯关掉，静静地坐着，幸运的话也能看到。

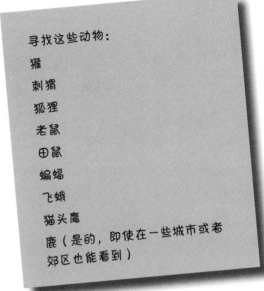

寻找这些动物：

獾

刺猬

狐狸

老鼠

田鼠

蝙蝠

飞蛾

猫头鹰

鹿（是的，即使在一些城市或者郊区也能看到）

月光下的影子游戏

　　在一个晴朗的夜晚，远离光污染，你能看到自己的影子被月亮投射在地上。互相追逐影子，跳过去，踩上去，用你的影子盖住其他人的影子。

黄昏时分出门

　　这时，暮色渐沉，营造出各种奇怪而美妙的影子。这是一个怪物，还是一只怪异的、粗糙的手，或者只是邻居的自行车？这就像是你自己的影子木偶剧院，你就是故事的编剧。

寻找月晕

　　"如果月亮周围出现一圈月晕，那就意味着要下雨了。"——老话是这么说的，这是真的。如果你抬头看月亮，看到它的周围有一圈光晕，那么这是高处的薄云在天空中聚集的标志。由于云包含了数百万个小冰晶，所以月光穿过它们时会折射出光晕。

玩手电筒抓人游戏

玩这个游戏至少需要四个人，还需要找一个室外空间，最好有一些能够让人藏身或躲在后面的遮挡物（树、灌木、灯柱和花园椅子都可以）。哦，当然，你还需要一个手电筒。

1 指定一个目标。可以是一堆石头、某人的衣服，什么都可以。把目标放在地上靠中间的位置。

2 推荐某人扮演"它"，由他拿着手电筒，负责保护目标。

3 其他人分散开，把自己藏起来。他们的任务是静静地朝着目标匍匐前进，躲在树或其他东西的后面，看看谁能第一个碰到目标，而不被"它"抓住。

4 与此同时，"它"的任务是找到每个玩家，用手电筒照他们。谁被照到了，谁就被淘汰了。

5 如果"它"在前三分钟都没能照到一个人，那么就输了。

6 第一个碰到目标的人（或者是最后一个被照到的）就是赢家。将由他在下一轮扮演"它"。

玩皮影游戏

1 在卡片上画出一些夜行动物的轮廓。剪下来作为动物皮影。

2 找一些树枝和透明胶带，将它们粘贴在动物皮影的背后。

3 把它们放在树干、墙壁、篱笆前或地面上，天黑后用手电筒照射它们，投射出影子。让这些影子跳来跳去，一起玩耍、打架、冒险、吃树叶……尽情发挥你的想象力。

观赏"冬环"

"冬环"也被叫作"冬季六边形"，是由8颗明亮的星星组成的一个大圈，高高地悬挂在冬天的夜空里。它不是一个正式的星座，因为只有国际天文学联合会才有资格授予这一著名的头衔（迄今为止，国际天文学联合会只承认了88个星座）。相反，它是一个星群——一组可识别的星座形态——占星界的叛逆者。

（译者注：冬季六边形，由冬天天空中最亮的六颗恒星所组成，它们分别是：毕宿五、五车二、北河二、南河三、参宿七和天狼星。）

做星形"瑜伽"姿势

1 双脚分开站立，面向前方。

2 慢慢地深吸一口气，然后呼气。

3 伸出你的手臂，使它们与你的肩膀齐平。

4 深呼吸。

用手电筒讲一个故事

很明显，用火光来代替手电筒的话会更真实和舒服，毕竟你不能用电池驱动的手电筒烤棉花糖。如果你擅长用火或者手头就有现成的空间和材料，那么我为你喝彩。如果你和我一样，那就用手电筒和巧克力代替。无论光源是什么，在室外大声朗读都是最神奇的一件事。

1 找一个有遮挡的地方，能够让你舒服地待在那里，它可以是一张长凳、一棵倒下的树、一根树墩、几把花园的椅子或是阳台上的一个垫子。

2 和你的朋友或家人坐下来，穿上暖和的衣服，带上食物、手电筒、一本书或者某人头脑中藏着的一个故事。

3 指定一个人讲故事。当然，他们得拿着手电筒，用它来阅读和做手势。

注意 你们也可以围坐成一圈，互相传阅一本书，每人读一页，或者共同编一个故事，然后每个人依次添加一句话。

试试新月形"瑜伽"姿势

1 双脚并拢站直，双臂放在身体两侧。

2 吸气，抬起你的手臂，举到头顶上方，两手的手掌轻轻触碰。

3 呼气，从腰部向右慢慢弯曲，不要过度弯曲，稍微弯一下就好了。

4 吸气，双臂再次回到头顶。

5 呼气，向另一个方向弯曲。

对着星星许愿

1 找一个舒服的、能够欣赏夜空美景的地方坐下来。

2 努力思索你最想要的东西，把它们一一列出来，并写出你想要它们的原因，然后挑出你最想实现的愿望。

3 仰望夜空，找出一颗最亮的星星。

4 凝视这颗星星，直到它周围的一切渐渐消失。

5 许个愿吧。

水坑和雨

天正下着蒙蒙细雨，空气中弥漫着一层薄雾。我奔跑着穿过黑暗潮湿的树林，身边闪过一个戴着头套的少年的身影。我被树枝和湿树叶绊了一跤，不小心踩进水坑又溅起了水花。由于慌张，我急促的呼吸声把马路上的汽车声都淹没了。我的袖子被树枝钩住了，攻击我的人大声喊道："抓住你了！"他突然出现在我眼前，用手紧紧抓住我的夹克，我俩一起歇斯底里地大笑起来，跌跌撞撞地被一根湿漉漉的树干绊倒了。

"小姐，你现在是我的囚犯了，必须跟我回基地！"

我所在的是全国谋杀率和持武器犯罪率最高的一个地区，说话的少年曾经是所谓的问题少年。但刚刚那个情景其实是由儿童友伴举办的一个治愈课程。儿童友伴是一个非凡的慈善机构，在2015年8月关闭之前，它一直为全英国36 000名脆弱的城市儿童提供实用的、情感和教育上的支持，包括那些最贫困和处于危险中的孩子，这些孩子的父母由于现实和情感的问题无法照顾他们。

据机构工作人员说，在那个潮湿的下午，一共有15个青少年在树林里玩基础的"夺旗"游戏。总共12周，一周一次，他们会花一整天上课的时间待在森林里。

"大自然对孩子来说非常重要，"儿童友伴的创始人卡米拉·贝曼格利告诉我，"因为大自然给了孩子们关于生命兴衰、成长、失去和重生的深刻理解，这是玩具所不能给予的。那些参与我们项目、在自然中度过愉快时光的孩子可以说是获益匪浅，一些孩子改掉了物质滥用（如对某些饮料的依赖）的坏习惯，一些孩子有了理想，追求与自然相关的事业。"

"我喜欢这里，"一个13岁的小男孩说，他穿着一件从工作人员那儿借来的宽大防水夹克，"我在家时，没有地方可去，我喜欢户外的这种空间感。"他喜欢生火，边说边用树枝指着一个男孩："他喜欢把自己搞得浑身烂泥；那个女孩喜欢到处找东西……这两个人在开始时并不相识，现在他们已经成了最好的朋友。"

为了防止雨水把火苗浇灭，这群人在两棵树之间拉了张防水帆布，帆布下面，火苗之上，花草茶正在沸腾。

"刚开始的几个星期，很多人都质疑户外生活，还有一些孩子患有初期困难症。"儿童友伴森林学校的凯瑟琳·斯莱特说。从她的语气中可以听出她非常低调。

"小姐，试试这个吧。"三个眼睛明亮的男孩兴奋地怂恿我，"这是一株会引起刺痛的荨麻！但如果你像这样叠起来捏住它的叶子，就可以吃了，没问题的！"他们把叶子揉成一团，自顾自地细细咀嚼起来。"还有这个！"他们中有人把一个黑刺李塞给我。"这是一枚浆果。如果你吃了它，你的嘴巴就会变得超级干！""这也太恶心啦！"他们笑着跑开了。

斯莱特告诉我，课程除了有益于治愈

问题儿童外，还会让孩子们努力争取约翰·缪尔奖，这是一个旨在鼓励人们提高对自然界的意识和责任的环境计划，8岁以上的人都可以报名参加，无论是在自家花园里还是在野外的山顶上都可以开展活动。

"你们介意下雨或寒冷吗？"我问一些孩子，他们看上去从没想过这个问题。"什么？不介意。"其中一个回答我，然后就走开了，在泥浆里跑来跑去。

毫无疑问，有些事——不，是许多事——给他们造成了极大的问题。这些问题潜伏在森林的边缘，当一天结束时，孩子们走出森林这个庇护所，赶回现实世界。这些问题就又出现了，它们源于外界，源于我们所生活的社会，跟孩子自身无关。

在森林里，他们不再觉得无聊或沮丧，不焦虑、不冷漠，也不咄咄逼人。他们聪明、热情，具有无限潜力。与大自然相处，每个孩子和工作人员都充满魅力、侃侃而谈，勇于进取又善解人意。

有了表达自己的空间，他们每个人都表现得很棒。孩子是我们的未来，不是每个类似境遇下的孩子都能有这种缓解的机会，但是我们可以看到未来的希望——一个潮湿的下午，即使下着毛毛雨，也是非常美好的。

引人思索的事实

■ 长筒雨靴的名字来自英国第一代威灵顿公爵，1817年，他让鞋匠设计出一款更舒适、更耐穿的靴子。

■ 许多种蝴蝶需要从泥坑中获得基本的营养物质，比如盐和氨基酸。

■ 燕子将水坑中的沙子、淤泥和黏土（也叫"壤土"）混合，作为建造巢穴的材料。

■ 据说，冒险家瓦尔特·罗里爵士曾经把他的斗篷铺在泥坑上，让女王伊丽莎白一世通过，以防止弄湿她的脚。

携带的工具
剪刀
食用染料
刷子
白纸
园艺小泥铲
果酱瓶
卷尺
透明胶带

起步的建议

上演一场水坑航海赛

这是把一家人从沙发上赶到寒冷户外的最好方法。

1 做几艘小船。我建议用一段树皮作为船体，中间插一根小小的细枝作为桅杆，将一片叶子穿过细枝作为帆。你要尽可能把你的船做得能够在战斗中获胜。

2 当你的战船做好以后，找一个能够让船漂在上面的大水坑。

3 比赛时把它们分别放在水坑的两端，然后数到三，用尽全力把船吹向对方。

4 让它们不断碰撞，直到其中一艘沉下去，或者遭到严重的损坏，再也不能航海为止。

创作水坑或雨水艺术

在这里，我给大家介绍两种方法：一种比较细致，一种比较粗放。我们只尝试过其中一种，你猜猜是哪一种。

细致的

1 当你看到外面开始下雨了，冲出去放一些罐子或果酱瓶收集雨水。

2 当每个罐子里的雨水都收集得差不多了，加入不同颜色的食用染料，然后用一根树枝搅拌几下。

3 用刷子和白纸创作一幅艺术画吧。

粗放的

1 找一个不太泥泞的、浅浅的小水坑（最好是人行道上、小路上或院子里的水坑）。

2 加入大量的食用色素，然后用树枝搅拌。

3 然后，用脚踩在水坑里溅起水花，随便你怎么踩。

4 看看你在水坑周围创造出了怎样的抽象画。

注意 务必使用天然的食用色素，这样很容易就能洗掉。

或者——

如果你手边没有食用色素，那就找一个真正的泥坑，用一根树枝搅拌至充分混合，然后用刷子蘸取一些泥，直接在纸上作画。

又或者——

下雨时，在平坦的地面上放一些厚纸（如果有风的话，用一些小石头把它压住）。在它的表面点上几点食用色素，几分钟后过来看看，雨水把它们塑造成了什么样子。

跳水坑比赛

1 找一些真正泥泞的大水坑。

2 用一根树枝充分搅拌，使泥浆混合。

3 每个参赛者站在自己选择的水坑边。

4 数到三，每个参赛者以尽可能夸张的方式跳入水坑中央。

5 谁溅起的水花最大，谁就获胜（你可以采取科学的判断方法：测量水花到水坑的距离，数一数他们身上溅到的泥浆）。

注意 在水坑旁跳"呵吉啵吉舞"会显得更有戏剧性。"把你的右脚伸出去……"哗……溅起水花无数。

（译者注：《呵吉啵吉舞》是英语国家一首非常经典的儿童歌曲，这是一首可以边唱边跳的歌曲，歌词都是一些动作指令，有点像我国的《健康操》。）

制造水坑漩涡

1 找一个很深的水坑。

2 用一根树枝以尽可能快的速度搅拌。

3 往里面扔一艘树叶做的"小船"，看看会发生什么。

观察水坑的变化

好吧，我知道这听上去和看着油漆慢慢变干一样让人"兴奋"，但是请耐心等待。

1 找一个水坑。

2 将树枝插进泥土，标记水坑的边缘，或者用石头标记也行。

3 可以去做一些其他事情。

4 过一会儿回来看看发生了什么。如果后来又下雨了，那么水坑就会变大，把你先前的标记都吞没了。如果天气转晴了，那么水坑就会变小，你的标记就会插在干燥的地上。你可以重新标记水坑的边缘，以便后续对水坑进行更长时间的观察。

大孩子 如果感到好奇的话，可以进一步了解关于蒸发和吸收的科学知识。

寻找彩虹的尽头

1 挑一个明亮的雨天出去走走。

2 寻找彩虹。

3 当你找到一条彩虹，试着找找看它的尽头有什么。会找到一罐金币吗？这可真是值得坚持去做的一件事。对了，我有没有提过这些金币的里面是由巧克力做成的？

4 由于这需要花费一些时间，所以你可以边找边唱彩虹歌（"红橙黄绿……"），并且尝试找找拥有彩虹色的东西（红色的门、黄色的叶子、路人穿的绿色雨衣……）。

大孩子可以进一步了解，彩虹是由于光穿过空气中的水珠时发生反射和折射（或者说是弯曲）形成的。由于阳光是由不同波长（或者说是不同颜色）的光组成的，因此形成了呈现在空中的彩色光谱。

在水坑间建一座桥

你能用什么方法穿过水坑而不弄湿自己呢？找一些足够长的树枝将它们贯穿水坑，把石头作为垫脚石，把鹅卵石堆起来作为桥梁……

抓住落在你鼻子上的雨滴

仰起你的脸，对着灰色的天空，感受雨滴落在你脸上的感觉。抓住落在你鼻子上的一滴雨，然后是落在你的舌头、睫毛、小手指和长筒雨靴边缘的雨滴……

测量降雨

如何成为一名训练有素的气象员。

1 将纸片剪成和果酱瓶一样高的长条。

2 用卷尺量一下它的长度，然后在纸上标记具体的厘米数。

3 用胶带把纸条粘在果酱瓶上（把它粘牢，不然它很快就会被弄湿）。

4 把果酱瓶放在外面，大约一小时或者一下午。

5 取回果酱瓶，根据你的"纸尺"判断刚才下了多少雨。

制作雨水迷宫

1 将雨水收集在一个果酱瓶里。

2 用泥铲在地上挖一条让雨水通过的迷宫通道，用脚踩压实通道的墙壁。最好用潮湿的泥土，沙土或干燥的泥土效果就没那么好了。

3 当你准备好了，把雨水倒进通道，看它流过迷宫。

注意 如果你的迷宫很大，那么你需要大量的水，从水坑和小溪中收集都可以。你可以先把它们收集在其他容器中。

计算出暴风雨的距离

当外面有暴风雨的时候，更多情况是"坐在沙发上、透过双层玻璃窗、在安全的一侧注视外面的天气"。

1 留意闪电的闪光。

2 一旦你看到了，计算一下从闪电闪过到你听到雷声所经过的时间。

3 将得到的秒数除以3，你就能知道你的位置离闪电的距离（千米数）。如果你在每次看到闪光后都进行计算，你就会知道暴风雨的移动情况，它正在远离你，还是靠近你。

大孩子可以进一步了解：当被闪电击中时，周围空气的温度会升高至太阳表面温度的5倍；当这种情况发生时，空气就会快速膨胀，雷声就是这种膨胀或冲击波引发的声音。由于我们看到的闪电实际上是好几个连在一起的一系列冲击波，这就是为什么雷声听起来轰隆隆的。那么，如果光和声音同时发生，哪个传播的速度更快——是声音还是光？

跟踪一只小虫子

下雨时，蠕虫会爬上地面，这是每个人都知道的。但虫子这么做的原因实际上有点神秘。

科学家过去认为，蠕虫爬上地面是为了逃离它们被淹的隧道，以免溺水。实际上，蠕虫用皮肤呼吸，并且需要水分的支持，所以不会像人类那样淹死。

现在，一些科学家猜测，蠕虫爬到地面是为了迁徙：和地下相比，它们在地上可以移动得更快、更远，但只有在水分充足的环境中才可以这么做——换句话说，就是雨后。另一些人认为，由雨造成的震动听起来像鼹鼠发出的声音，蠕虫们因此逃跑，以躲避假想的敌人。

不管怎样，挑战一个神秘的任务吧：去雨中找一找这些神奇的小动物。你能找到多少条？你认为它们在做什么？

雪与冰

下雪啦。这是只有在迪士尼动画片或冬季仙境里才能看见的、柔软的皑皑白雪。

"我6岁时从牙买加搬到这里,"一个名叫德维恩·菲尔兹的年轻黑人告诉我,"第一次看到雪是7岁的时候,也是我在这个国家度过的第一个冬季。我记得,当天夜里我醒了过来,那时候由于我睡眠不好,半夜醒来是常事。"

"我透过卧室的窗户向外看,地上白茫茫一片。当时,我并不知道这是雪,所以我感到非常害怕——看着这些白色的东西从天空中落下来,真把我吓哭了。那时候我确信是世界末日来了,天空正在坠落。我记得当时感到非常孤独,我缩进被窝,裹紧被子小声地哭泣着睡去,心想这是我在地球上的最后一天了。第二天早上,当我听到姐姐的大叫才知道得救了。她激动地喊道:'下雪啦,下雪啦!'我突然意识到,世界上还有很多东西是我不了解的。"

德维恩说,在牙买加他整天都在野外跑来跑去。但自从来了英国,他就被困在了小小的混凝土后院中,学校也没有好到哪里去。被困在围墙里的他,眼界逐渐变得狭隘,以至于遭遇了一些险境。他在打架中两次被刺伤,还有一次差点丢掉性命。当时和他打架的小男孩站在离他一米多远的地方,掏出了一把枪,拿枪对着他,然后扣下了扳机。在那一瞬间,德维恩确定自己中枪了,但是攻击他的人被朋友们拉走了,他这才意识到自己很幸运,并未被打中。

等他冷静下来,他觉得自己的人生必须做出重大的改变。于是,在没有任何户外生存经验的情况下,他申请加入极地挑战——一个向北极行进650千米的团体赛。随后便是为期十个月的密集训练,例如在-15℃的房间里只穿T恤和短裤召开会议。接着便是最终的比赛:每天行走、滑雪32千米穿越北极,跨过冰封的、海天一体的巨大冰原。队员每天的睡眠时间只有4~5小时。有一次,温度降到了-50℃,虽然戴了3副连指手套和2副分指手套,他的手指仍然没办法动弹。又有一次,他抬起头看到了一只北极熊和它的两只幼崽。最终,他成为了第一个到达北极的英裔黑种人。

现在,他回到了正值冬季的英国,正在计划他的南极之旅,这一次他尝试鼓励像他那样的孩子。他说,孩子们不一定非要走到极地,但需要去探索户外的世界。他在城里的学校做演讲,并游说政府鼓励城市里的孩子去探索自然。因为他发现,当他在英国的乡村散步或锻炼时,从来没看到过除自己以外的年轻黑种人面孔。

城市的人们觉得户外不适合他们。德维恩不这么认为,他说:"其实是因为他们并没有意识到户外的意义。"他相信,只要走出家门,来到一片绿色的空间,就进入一个完全不同的环境和一种完全不同的生活中去了。你可以或放松心情,或专注某事,或思考你真正想做的决定。另外，它也可以帮你走出麻烦，寻求和他人的合作。

德维恩认为，释放城市青少年潜力的秘诀就在郊外，尽管他打着寒战说道："我仍旧很讨厌寒冷。"

引人思索的事实

■ 每一片雪花都是独一无二的，它们错综复杂的形状取决于形成时的高度、温度、湿度和空气中的尘埃。

■ 有史以来最大的年降雪量是31.1米，超过十层楼高，发生在1971年到1972年间美国雷尼尔山附近。

■ 有史以来最高的雪人由美国缅因州贝塞尔镇的居民堆成，高达37.21米。2008年，他们花了一个月的时间堆成了这个雪人。

■ 冰雪覆盖了地球上超过10%的土地。

携带的工具

园艺小泥铲	铝箔外卖盒
鸟饵	刷子
塑料垃圾袋或托盘	果酱瓶
食用染料	蜡烛
细绳	可选工具：家具上
剪刀	光油或发胶
酸奶罐/塑料杯/塑料瓶	

起步的建议

制作雪地天使或雪地蝴蝶

2007年，一项世界纪录由美国北达科他州俾斯麦的人们创造，他们躺在雪地里，在州议会大厦前制作雪地天使。其中有一个人名叫保琳·耶格，当时她正在做人生中第一个雪地天使，以庆祝自己的99岁生日。"真有趣。"她说道，"我觉得自己就像一个孩子。"俗话说得好：不管你要做什么，都不要让想法搁置太长时间。有太多有趣的事情不容错过，在99岁的时候从头再来要比11岁时面临更大的挑战。

1　找一块可以让你躺下把身子伸展开来的雪地。

2　仰面躺下，张开你的手臂和双腿。

3　保持手臂和双腿笔直，向前后摆动扫雪。如果你想制作一只蝴蝶的话，不要把手臂举过头顶，也不要让腿在中间碰到（这就好比你做星状跳跃运动一样，只不过你是躺着做的）。

4　从雪地里站起来，注意不要把你刚刚做出来的图案破坏掉。

5　欣赏你的雪地天使吧！

把天使变成一只蝴蝶：找一根树枝，用它在天使的身体部位画横线，每隔一定距离画一条，直到画完整个身体，然后在翅膀上绘制图案，最后在身体顶部用加长的细枝作为触角。

给树画一张雪人的脸

堆雪人是人生中最大的乐趣之一，但有时你可能也不想离开火堆太久。这里有一个快速的替代方案。

1　在雪堆附近找一根光滑、粗壮的树干。

2　堆一个雪球放在手上，然后把它紧紧压在树干上——这就是它的眼睛。

3　然后再做第二只眼睛，把它压在原来那只旁边。

4　用同样的方法做一个鼻子、一个香肠形状的嘴巴（如果你的手指还暖和的话），尝试加上头发、蝴蝶结、眉毛……还可以加几片叶子为脸部添彩，或者增加一些合理的纹理。

5　跑回屋里，把手放在装热巧克力的杯子上取暖。

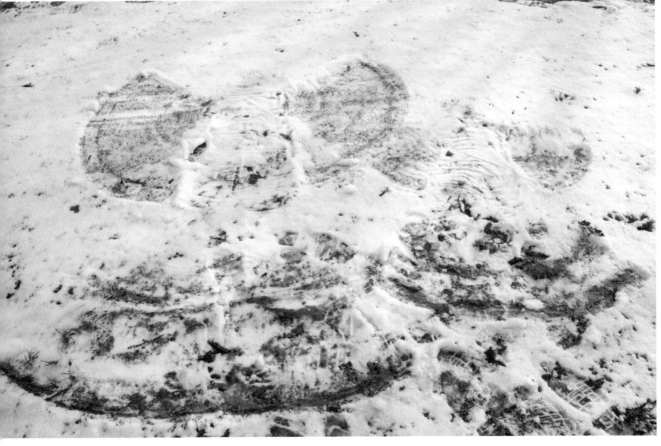

用雪堆小动物

堆雪人已经非常普通了，而堆棱皮龟却很时尚，北极熊的皮毛在雪地里也显得很可爱。

1　选择一个适合用雪制作造型的动物。

2　找一个较为平坦的好地方，最好附近有一大堆雪。

3　把几堆雪铲在一起，将它们堆成一个结实的球。

4　让球顺着雪滚起来，这样它就会越滚越大，直到达到你需要的大小，可以用来做动物的身体。

5　用同样的方法制作头、爪子和四肢……无论你喜欢什么，都可以把它们加到身体上。

6　你做出大致的轮廓后，用铲子凿挖、塑造或描绘出更多的细节。

7　别忘了充分利用其他材料，例如树枝可以用来做手臂、犄角或触角，石头可以做眼睛和鼻子。

毛毛虫　做六个或更多的雪球，然后把它们排成一排，互相挨着，用石头做眼睛，树枝做触角。

北极熊　做三个雪球，一个大的，一个中等的，一个小的。最小的将做成北极熊的头，把它们从小到大依次堆放，最大的放在底部。接着再制作两个小雪球，把它们放在最高的雪球上，作为熊的耳朵。把多余的雪堆在前面，做成熊的嘴巴。再加两块石头作为眼睛，一块大的石头作为鼻子。用一根树枝把熊的毛发绘制出来。

海龟　一大堆雪做海龟的壳，然后拍平。做四个雪球，把它们放在壳的四周，作为海龟的四肢。再做一个更长的、香肠形状的雪球，把它放到前面作为海龟的脖子和头。用石头做眼睛，用泥铲（或树枝）的边缘在龟壳上画出六边形的花纹。

在雪中画画

我们通常更喜欢带一点炫彩，孩子们（至少我的孩子）也并非以谦卑闻名，所以对于耀眼纯白的雪，只需要用上一点食用色素和狂躁的艺术线条，便可以对天然的雪加以改进。

1 拿出一些容器，如酸奶罐或外卖盒都行。每个容器里面倒一点水，加入不同颜色的食用色素调成染料。

2 把它们混合搅拌，然后找一块光滑的雪地，用刷子蘸点染料在雪上作画。如果颜色不够浓，多加一些染料。

3 你可以画画、写字，怎样都行，画得越鲜艳越好。

在霜地上写字

1 清晨，趁霜还在地上的时候，早点出门。

2 找一根树枝，用它在霜上写下一条秘密信息。

3 观察霜融化，看你写的字消失需要多长时间。

或者……在霜地上玩跳房子游戏

适度的跳跃能够让你保持温暖，就像喝上一杯热巧克力一样。

1 用树枝在霜地上画跳房子的图案。

2 找一块石头，试着把它扔进第一个方块里。如果它没有掉进线内，那么你就失去了一次机会。

3 单脚跳过所有的方块，跨越你放石头的那个方块。除非有两个彼此相连的方块，否则你不能两只脚同时着地。两只脚同时着地时，要在两个相连的方块内各放一只脚。

4 如果你跳到线的外面，或是踩在错误的方块里，你就输了。

5 当你到达第十个方块后，转身往回跳，捡起你丢的石头。

6 下一个玩家开始玩，重复上面的步骤。

7 当所有人都玩过一个回合以后，第一个玩家将标记扔到后一个方块，重新开始这个过程。第一个完成完整一轮的人获胜。

注意 不要在光滑的冰上玩这个游戏。

用雪制作喂鸟器

当温度降到零下，花园结冰，鸟儿难以寻觅日常的食物，如昆虫、浆果和种子。这里有个法子可以帮助它们。

1 喂鸟器可以做成任何你想要的大小和喜欢的形状，只要你能在顶部挖一个"碗"来放置鸟食就好。

2 将一大捧雪压实，然后在雪地里滚成形，不断增加雪量，直到你得到一个尺寸合适的雪球。

3 给雪球做造型，把它堆成合适的形状——可以是一个被挖空的雪人脑袋，也可以是一个装饰性的鸟盆。

4 拍打雪堆让它变得结结实实的，在顶端挖一个"碗"。

5 将一大份鸟食（或麦片）倒进碗里，看看谁会来吃。

注意 你也可以用冰做喂鸟器，按照51页做冰灯的说明，用鸟食代替蜡烛放进喂鸟器。

建造一个迷你冰屋

1 把雪装进外卖盒里，压实。

2 用一根树枝沿着容器的边缘水平扫过，使顶部齐平。

3 小心地将容器倒置，倒出你的第一块"砖"。

4 再多做一些"砖"，把它们排列成一圈，留一个空隙作为入口。

5 制作第二层，在第一层的上方多放一些"砖"，但稍向圆圈的中心靠近。

6 不断往上加层，每次都稍微靠近一些，直到它们在顶部相碰。

7 等待一个小小的因纽特人过来安家。

建造雪地堡垒

1 将几堆雪用力地揉在一起，然后让它们在地上滚几下，直到做出一个至少像你的脑袋那么大的雪球，然后把它紧紧地压实。

2 重复上述步骤，做出6个同样大小的雪球。

3 把雪球摆放成弧形，然后用雪填满两球之间的空隙，做成一面坚固的、弯曲的墙。

4 做8个稍微小一点的雪球，把它们牢牢地放在墙上拍紧压实，在它们之间再加些雪使它们连接起来，让墙再增高一层。

5 再做10个更小的雪球，把它们加到顶部，并填补中间的空隙。

6 添加一层更小的雪球，作为装饰。这是你的壁垒，你可以躲在里面，然后突然把雪球扔出去。

打雪仗

应该不需要我告诉你怎么做吧——除非，你想学会杀手锏（我打赌你会继续往下看）。

1 在树的底部、房屋或马路附近找雪，因为那里的雪又软又湿——最适合做雪球了。

2 使用地表以下几厘米的雪——它们已经被上面的雪压实过了。

3 用手把雪球团成最佳的大小——直径7厘米，或比网球稍小一点。

4 做一大堆雪球。

5 找一个能藏身的地方，例如躲在树后面，并且在这里留下一些"弹药补给"（一大堆雪——当你躲着的时候把它们做成雪球）。

6 当雪球扔向你时，记得闪避，而不是低头躲。由于雪球不是很重，它们降落得可能比你想象的要快。低头躲避的话，你的脸上可能会溅到雪。

7 把第一个雪球稍微瞄准你目标的左边。准备好下一个雪球，对准目标的右边。当你的目标本能地想要躲避第一个球时，就会向右跑，正中第二个雪球。

注意 决不要对着头扔。

DIY滑雪橇

如果垃圾袋就能带你领略速度与激情时，谁还会需要一个花哨的雪橇呢？

1 在斜坡顶部放一只宽口垃圾袋。确保斜坡上覆盖着一层厚厚的雪（否则下面的石头会伤到你的屁股），确保斜坡底部没有障碍物。

2 爬进垃圾袋里，把它拉到你的腰部。

3 出发。

4 当你到达底部时，用你的手当作刹车。

注意 如果斜坡上没有覆盖厚厚的雪，也可以用托盘来保护你的背部以免擦伤。当然，安全第一，小心谨慎。

打造冰雪迷宫

翻到52页树枝与石头这一章，参考里面关于如何建造迷宫的说明。要想打造冰雪迷宫，只要把石头换成雪，做成相应形状就行。

制作雪地印记

找一片崭新的、没被打扰过的雪地。单脚跳、拖着脚走、跳跃、飞驰……看看你能用脚印制造出哪些图案。

用冰做装饰品

1　到户外搜寻"小珠宝",如树叶、浆果、坚果等,任何吸引你眼球的东西都可以。

2　往酸奶罐里倒一点水。

3　把你找到的东西丢进水里。

4　剪一段绳子,从中间对折。

5　把对折的地方放入水中,这样结冰的时候它就能卡在里面。然后把绳子的末端挂在罐子边缘。

6　把所有的东西放在外面,静置一夜(或者投机取巧,把它放进冰箱)。

7　一旦结冰,往酸奶罐里加一点热水,让冰和罐子分开。

8　把绳子露出的两端系在一起,作为装饰物挂在树上。等它开始融化,鸟儿就可以美餐一顿了。

制作冰雕

中国哈尔滨自1963年起就一直在举办国际冰雪雕塑大赛。每年一月,气温低于−25℃时,冰雕艺术家们便带着摆动锯、凿子和碎冰锥来到此地,夜以继日地工作,创造复杂的雕塑,有些雕塑有房子那么大。

1　随身带一些容器——酸奶罐、外卖盒、塑料杯等。

2　往每个容器中倒水,然后用不同的方式装饰它们——有一些你可以添加食用色素,另一些可以丢入树叶、浆果或坚果。

3　冷冻——如果外面足够冷,把它们放在外面过夜,或者放进冰箱。

4　结冰后,加入一些热水,让冰块和瓶子分开,然后把冰块倒出来。

5　把冰块排列成雕塑:把小的放在大的上面,建造桥梁、城市景观或迷你巨石阵。

大孩子可以用铲子或锋利的石头凿出更为精细的雕塑形状。

踩冰坑

虽然这不是一项复杂的活动,但它对所有年龄段的人来说都是一种令人痛快的宣泄方式。找一个结冰的水坑,用力跳进去,体验把冰弄碎成一千个小碎片的超级满足感。

制作冰灯

你需要两个容器，一大一小，小的能够放到大的里面。

1 往大的容器里倒水，直到半满。

2 搜集一些鹅卵石。

3 往小的容器里扔一些鹅卵石，然后把它放进大的容器。要使它下沉但不能碰到底部，所以你可以通过增加或减少石头来进行实验，直到它位于合适的水位。要让它受力平衡非常考验你的细心程度。

4 将容器冷冻：如果外面温度足够低，可以在外面放置一夜。如果温度不够低，那么就把它放进冰箱。

5 天黑以后，记得把它从冰箱里拿出来（如果你白天把它拿出来，它可能会在黄昏之前就融化，显然，黄昏以后才是把蜡烛放进去的最佳时间）。

6 成年人应小心地倒一些热水在容器上，然后孩子们可以轻轻地将两个罐子分开，看看它们之间冻结的形状是什么样的。

7 现在你就有一个冰灯了！你所需要做的就是把一支燃烧着的蜡烛放进去，看它发出的光芒。

注意 在结冰前，向水中添加食用色素或坚果、浆果和树叶，为你的冰灯增色。

或者 你也可以不做冰灯，而是加入鸟食，把它做成喂鸟器。

自制云朵

这是一个非常神奇的活动，保证能把最不情愿成为科学家的孩子变成小气象学家，只要记得随身带着热水。

1 带一些冰，最好是冰块，水坑里结的冰或悬挂在树枝上的冰也行。

2 把冰块装进外卖盒，等它变冷。

3 把热水倒至果酱瓶的三分之一处，用热水沿瓶子四周涮一下，然后再把果酱瓶放下。

4 把冷冻的外卖盒放在果酱瓶上面。

5 仔细观察果酱瓶，你会看到里面正在形成一朵小小的云。

注意 要想获得更富戏剧性的效果，可以将装冰的外卖盒移开一秒，然后快速往果酱瓶里喷一点家具上光油或发胶，再把外卖盒放回来，静置30秒后移开，你便能看到云从瓶子里冒出来了。

大孩子 可以进一步了解到：云是由湿热的水蒸气冷却形成的。冷却使得水蒸气凝结成微小的水滴或云。

树枝与石头

"树枝和石头可以打断我的骨头，但文字永远不会伤害我！"此话没错。但是你不能用文字去打造一个小巢穴，也不能把文字绕起来学习如何打一个结，不能用文字打造你自己的迷宫或石头山，或者用文字玩捡树枝游戏。

普拉斯马多克是一个住宅区，经常被列入威尔士最贫困地区的名单。然而，这个地方却因为一块被围栏围起来的荒地而闻名，被贴上了"这片土地，是一个充满可能性的空间"的标签。

乍一看，这里满是垃圾。55平方米的空间里充斥着旧轮胎、破托盘、购物推车、旧水管、桶、梯子、旧沙发和在小溪上摇晃的破绳子。不过，这里也充满活力，孩子们蜂拥而上，建造巢穴、锯木头、锤木头、把东西砸碎或点火。

现场有三名工作人员随时监督，不过每天晚上会有多达60名儿童出现在这里，这仍然看起来有点风险，比如那些能够打断人骨头的东西。

早在2011年，这块地盘的创始人和经理人克莱尔·格里菲斯获得第一笔资助——在这个区域建造一个永久性的游乐空间，当时她就希望能创造不同于传统"好"游乐场的东西。"传统的游乐场非常呆板，孩子们不能对其进行改变，或者变成己有。"她解释道，"这里所有的东西都是没有任何金钱价值的，比如当地企业捐赠的旧托盘（铲车装卸或搬运货物时用）。我们故意这样做，因为一旦资金换成娱乐设备，孩子们开始尝试捣鼓这些设备时，大人们的本能反应就是：'不！停下来！那样做是错的。'"

在这之前，这片土地上有邻里隔阂问题。"如果你是来自当地上层的孩子，你就不会和底层孩子聚会，反之亦然。我们想要打造一个可以让他们一起玩的空间，这个空间的一切都由他们自己来创造。"

所以，他们将这个空间围了起来，将收集到的材料从面包车里倒出来，就是这样。"第一天我还挺害怕的。"克莱尔承认道，"我想，如果他们没能领会怎么办？如果他们进来后问'哪里可以玩高空滑索'该怎么办？还好他们立刻就开心地玩了起来。"

这里没有任何一件东西是成品，当一群孩子在用托盘和塑料管组合成一个构造时，另一群孩子正挤在角落里将一些东西捣成碎片，最常发生的就是用火。

"每晚都会发生。"克莱尔说，"但是你知道，我们不会掉以轻心——实际上关于这些还有一份长达13页的'风险收益评估'。这里所有的内容都会被评估，它将给孩子带来什么好处、什么风险。实际上，在社会中更普遍的情况是，孩子们被过度保护，以免受到任何一个微小的风险，他们没有机会进行任何尝试。其实，这样风险更大，他们无法去锻炼技能，也无法做一些自己想做的试验。在这里，我会慢慢地向孩子们介绍，直到他们能够轻松地自己去动手。是的，孩子们偶尔会被轻微灼伤，但是我们从未发生过比这更严重的事情，而且相同的错误孩子们也只会犯一次。"

"这建立了他们的自信。"克莱尔边说边看着一个小女孩正专注在一把手锯和一块废木上，"要信任他们，当他们掌握了一项技能时会感到非常自豪。非常重要的一点是，要给他们空间和机会去尝试，失败了就再试，这就是人类成长的方式。"

引人思索的事实

■ 从最早期的工具、武器到现代的建筑技术，人类已经使用岩石数百万年。

■ 地球的地壳是由岩石组成的。

■ 流星体是在太空中运动的小岩石。陨石是穿过地球大气层时被点燃的流星体。

■ 鸟类会使用木棍和树枝作为建筑材料，将它们制作成巢穴。比如寒鸦喜欢把树枝塞进烟囱里筑巢。

■ 你可以不用火柴，直接通过两根棍子摩擦生火。

携带的工具

双面胶	放大镜
剪刀	外卖盒
颜料	纸
蜡笔	PVA胶水
纸盘	橡皮筋
刷子	笔

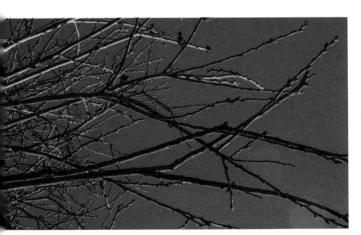

起步的建议

制作日晷

日晷和时间一样古老，埃及人最先使用的是一根名为指时针的柱子，根据它在阳光下阴影的长度来测量时间；在中国的周朝则称之为日晷；古希腊人称之为"pelekinon"。现在你也可以创造自己的计时器，它从此将会以"纸盘时钟"而闻名。

1 在阳光明媚的冬日，大约上午11：30开始准备，在中午12点前把一切准备就绪。

2 找一根直直的树枝，大约和你的纸盘一样高。

3 用树枝在纸板的正中央戳一个洞。

4 在盘子边缘的某处，写下数字12。

5 在户外找一个地方，把盘子放在地上，将树枝穿过盘子中心的洞插入下面的土中。树枝应该可以投射足够长的影子到达盘子的边缘，如果没有，把树枝往上提一提。

6 在12点时，转动纸盘，让阴影落在你绘制的数字12上。

7 离开去做别的事儿，但是记得要及时回来……

8 下午1点回来检查阴影的位置，并在它所在的位置绘制数字1。

9 每小时保持返回一次，根据阴影所在的位置标记数字。

幼儿需要定期的监督，帮助他参与其中。

制作拐杖
（或者魔术棒、图腾柱、五月柱）

世上还有其他任何一个东西能够像平凡的树枝一样，被变成如此多神奇的、神秘的或者愚蠢的东西吗？至少我想不到。

1 寻找一根完美的树枝，魔杖比拐杖短，拐杖比图腾柱或五月柱短。魔杖还需要树枝是完好且笔直的，不过拐杖或图腾柱则可以因为树枝的一些"特色"变得更别具一格。

2 当你有了完美的树枝时，寻找你想要去装饰它的材料——常绿植物、苔藓、树皮、浆果或任何你喜欢的东西。

3 在树枝上想要装饰的部位贴上双面胶带。

4 撕去胶带的表层，将装饰物粘在树枝的胶带上。

5 完成啦！现在你需要做的就是抓住树枝，拄着它在地面上严肃地走来走去，用它施展咒语，或者把它插入地面，在顶部绑上绳子，然后绕着它蹦蹦跳跳。

制作弓和箭

教你如何成为真正的罗宾汉。

1 找一根长的、直的、容易弯曲的树枝，找到合适的这样一根树枝非常重要，可以挑选一些进行比较。

2 让大人在树枝的两头划出一圈凹槽（孩子们可以使用剪刀，但要小心手指）。

3 剪一根绳子，将一端绑在凹槽上，打结系紧。

4 将树枝弯曲成柔和的曲线。

5 将绳子拉紧，把另一端系在另一个凹槽上，让树枝保持弯曲的形状。

6 瞧，你已经有弓啦！

7 现在你需要另一根直的树枝来制作箭。

8 小心地用剪刀在树枝的末端切割出一个垂直小切口，一个小凹槽也可以。（请大人操作，入门可能需要时间。）

9 将弓弦卡在箭的切口或凹槽中。

10 拉动弓弦和箭，拉紧后……放！

11 你可以通过瞄准岩石、木头或其他任何东西来练习技术，只要不是动物或者其他人就行。

大孩子也可以尝试将箭的末端做成尖头，用剪刀或者小刀小心地把箭的末端削成尖的，如果能用土豆削皮器当然更好。

如果你的树枝末端有疙瘩，你也可以不用切割凹槽，而是直接把弓弦缠绕其上。

制作弹弓

1 寻找一根分叉的树枝（呈Y形）。

2 如果顶部的分枝有点长，可以将它们折断，让弹弓更容易操作。

3 取一根橡皮筋，在树枝的一个分叉上缠绕几圈。

4 将皮筋的另一端拉到另一根分叉上缠绕几圈，直到皮筋在两个分叉之间拉紧。

5 现在可以开始寻找用于弹射的东西，比如鹅卵石。

6 把鹅卵石放在橡皮筋中间，向后拉，然后……开火！

注意 不要对准人、动物或者活着的植物开火。

学习打结

如果你想成为一个令人信服的探险家、冒险家、海盗女王或者忍者（武士），一些基本的打结技巧是必不可少的。

1 找一根平直、粗壮的木棍。

2 剪下一大段绳子。

3 练习用以下方法将绳子系在木棍上。

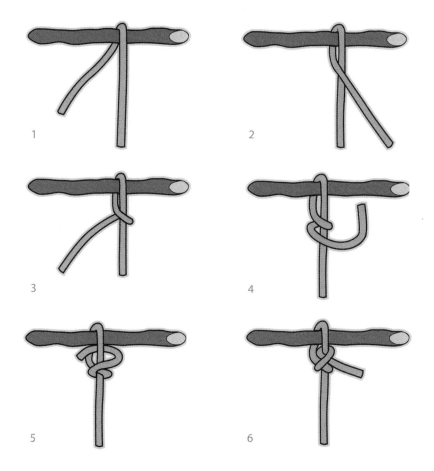

帆脚索 将木棍水平放置，把绳子绕在上面，绳子两头都向下垂落。用左手将后面一条绳子绕过另一条，使其指向四点钟方向，继续将它绕回到后方，指向八点钟方向，然后重新绕回前面，再次指向四点钟方向。现在将绳子朝向木棍，（从右往左）穿过木棍下方最上面的环。最后将它穿到右边形成的圆环下方，向下拉动形成紧实的结。

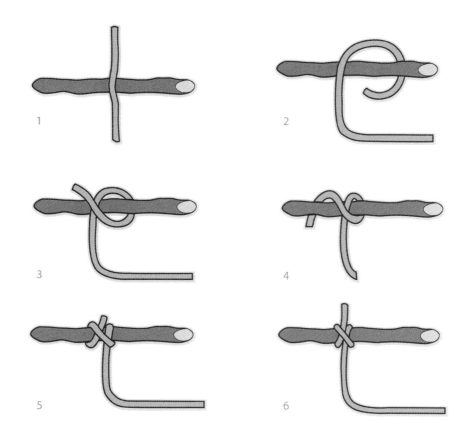

双套结 将木棍水平放置，绳子垂直木棍放置。将绳子绕着木棍从下方穿出，绕过前面的一圈绳子（最后指向为十点钟方向）。将绳子继续绕回木棍下方，两根绳子目前都朝向下方。拿起绳子穿过它之前缠绕的下方，穿出木棍固定。拉动绳子两端锁紧，最终的结看起来有点像八字形。

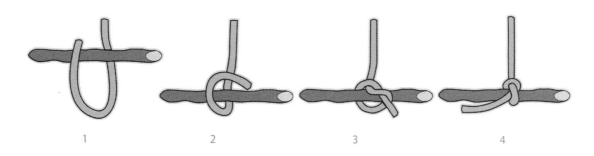

反手结 绳子对折放在地板上，用木棍穿过。将绳子的一端绕木棍一周后穿过绕好的环，拧紧形成一个结。

搭建巢穴

世界上巢穴的不同设计大概和地球上的人类一样多（不过不是因为鸡的数量多——你知道鸡的数量是人的三倍之多吗？）。我不打算一一列出，或者给你一个明确的设计方案。如果你正在寻找的是丛林生存宝典，那你可能拿错了书。在这本书里，你所获得的方法没那么复杂，只要可以在后花园或其他地方玩乐，然后及时回家喝杯酒，孩子喝杯茶就行。

■ 利用桌子，如果你附近有一张桌子或者长凳不再使用，把它作为巢穴的基座。

■ 利用围栏或墙壁，你所需要做的就是把一些足够长的树枝以一定角度支撑起来，然后用树叶填补树枝之间的空隙，制作成帐篷式的巢穴。

■ 利用树木，这棵树在大约齐腰的高度有一个分枝。寻找足够长的树枝能够架在树杈上做成巢穴的框架，在基础框架上再架上其他木条和树枝，直到你完成了有两面斜壁的洞穴，爬进去吧。

■ 制作迷你版巢穴，利用树皮和树枝斜靠着树干，为精灵或林子里的小型生物制作巢穴。

■ 制作圆锥形帐篷，搜集八根长长的木条，然后用绳子将它们靠近顶部的地方牢牢系在一起，把它们下面展开变成底座，这样就能在没有支撑的情况下立起来。将末端插入地面以固定这个结构。现在可以摆放一些其他树枝连成墙壁（记得留下空隙作为门）。

注意 在搬运大型木棍的时候要特别小心。

制作大型树枝拼贴画

1 寻找尽可能多的不同形状和大小的枝条。
2 清理出一块平坦的地面。
3 现在将你的枝条排成一幅画——任何你喜欢的画面都可以。
4 利用石头、常绿植物以及任何你搜寻到的东西来装饰你的画。

或者……制作一个小小的拼贴画

当你收集树枝时，察看周围光秃秃的树木，现在用这些树枝制作你自己的冬之树。用一根较大的树枝作为树干，用较小的树枝排布在其上面和周围作为裸露的树枝。如果你喜欢，可以把它们粘在纸上。

挑树枝游戏

1 寻找用于游戏的树枝，它们应该是长度大致相同的、直的树枝（所以可以把更长的掰成一样长短）。

2 将一把小树枝直立握在手里，然后放开，让它们乱七八糟地倒在地上。

3 第一个玩家必须尝试从树枝堆里挑出一根，且不移动其他任何树枝。

4 一旦不小心碰到了另一根树枝，就轮到下一位玩家重新开始。

5 继续游戏直到所有的树枝被拿光。

6 获胜者是拿到最多树枝的人。

大孩子可以玩更复杂的版本，让其中一些树枝比其他分值更高。要做到这一点，需要用三种不同的颜色绘制树枝，然后决定哪种颜色分别代表1分、3分和6分。然后开始玩游戏，结束后计算每个玩家收集的分数，得分最高者获胜。

制作树枝风铃支架

1 找一些树枝：1根坚固的树枝，其长度足够做成悬挂其他树枝的框架。然后再找至少4根树枝，它们之间的差异越大越好。

2 涂绘树枝，鲜亮、大胆的彩色条纹会看起来很酷，或者绘制波点、动物图案……

3 颜料干燥后，剪下和树枝数目一样多的绳子。

4 用绳子绑在每根涂绘好的树枝末端，然后排列悬挂在主框架上，确保它们的重量沿着树枝长度方向均匀分布。

5 将最后一根绳子绑在主树枝的中间，在另一端系一个环，用于悬挂你的风铃。

制作圣诞树装饰物

1 找5根长度大致相同的直直的树枝。

2 剪5段短绳和1段长绳。

3 将树枝排成星形。

4 用绳子将星星的尖角绑起来。

5 用较长的绳子一端系在星星一个角上，另一端系一个圈用于悬挂在圣诞树上。

注意 如果你愿意，可以将这个五角星涂上颜色。

用树枝标记小路

你可以根据自己小伙伴的情况选择简易版（开阔地的直线箭头适合腿没有那么长或注意力不够长的儿童）或者复杂版（复杂地形的转弯路标适合青少年）。

1 寻找树枝，用于制作为人们指引方向的箭头，你需要：一堆长而直的树枝做成箭身，两倍量的短树枝做成箭头的两翼。

2 确定你的路线。

3 按照你的路线间隔放置箭头，确保它们指向正确的方向。

4 寻找用于标记终点的东西，经验告诉我，一包饼干是理想之物，不过任何旧物都可行。

5 带领一个朋友来到起点，激励他沿着路标前行，如果你想增加额外的刺激，可以计时。

大孩子可以通过以下方法让游戏变得更具挑战性：让小伙伴跳过原木，穿过十字路口，迂回于树木之间，蹚过浅浅的溪流或水坑。

打造自己的迷宫

1 你需要许多石头来给迷宫做标记，出去寻找它们吧，大而扁平的石头是最好的。

2 想一想你将完成的迷宫形状，最好先在纸上操练一遍（参见右页步骤图）。

■ 画一个十字形，在对角线上点四个点，就像是标记出一个假想的方格。

■ 绘制从十字顶点到右侧点的曲线。

■ 画一条更大的曲线，将十字的右臂连接到假想方块左上角的顶点。

■ 画一条更加大的曲线，将十字的左臂一直连接到假想方块右下角的顶点。

■ 延长十字的下臂至原来的两倍，然后从最低点开始画，绘制出最大的一条曲线，连接到假想方块右下角的顶点。

3 现在尝试在地面上用石头重现绘制的迷宫，当然它要足够大，以便人可通过。

幼儿需要较多帮助才能建造出标准的迷宫，用石头排列出大的形状和图案也同样有趣，而且需要的照看更少。他们可以从正方形、三角形和圆形起步，然后逐渐放飞想象。

用鹅卵石做动物

你能找到一块像瓢虫的鹅卵石吗？或者像鱼儿、蟾蜍、长颈鹿和章鱼也行。也许后两个太难找，还是算了吧……

1 出门寻找有趣的石头，它们的形状能让你联想到什么动物或物体？

2 用颜料和刷子将它们涂绘成你认为的生物或物体——瓢虫红色的身体和黑色的斑点，鱼的鳞片等。

搭建石山

英国达特穆尔国家公园著名的岩石露出过程大约始于2.8亿年前，幸运的是，你可以在相当短的时间内打造自己的石山。

1 出门寻找你认为可以搭建优质建筑的石头，宽阔扁平的岩石是最好的——有棱角和奇形怪状的石头会难以保持平衡。

2 按照大小将石头进行排序，然后开始搭建。

3 底部用最大、最宽的岩石，以保持稳定。

4 当你向上搭建的时候，尝试不同的岩石，看看哪个最合适。

玩追踪游戏

1 学习右页的符号并记住它们的含义。

2 分成两个小组。

3 第一小组比第二小组提前10分钟出发。

4 第一组需要设置路标，寻找树枝、石头和草来铺设标记，让第二组跟随，每铺设一个路标记5分。

5 第二组必须循着这些路标前进，尝试在第一组完成"终点"路标前抓住他们。

6 当第一组放置了终点路标或者第二组抓住第一组时，第一轮游戏结束。计算第一组的总得分，然后在第二轮的时候交换两组的任务——第二组放路标，第一组追踪。

7 第二轮结束后得分最高的小组获胜。

幼儿如果想参加这个游戏，最好是加入不同年龄层在一起的团队，这样幼儿就可以分散到各小组中。

符号	↑	↰	↱	⊙
	前进	左转	右转	终点
树枝				
石头				
草				

67

玩石头寻宝游戏

挑战任务是尽可能多地找到以下石头，找到最多的人获胜：

- 一块扁平的石头
- 一块圆的石头
- 一块锯齿状的石头
- 一块光滑的石头
- 一块有条纹的石头
- 一块有斑点的石头
- 一块有洞的石头
- 一块含化石的石头

注意 如果你发现了一块带孔的石头，请穿上绳子做成首饰，你也可以在上面绘制图案。

打造月球景观
（或者侏罗纪公园、迷你假山）

为了所有整装待发的航天员，或者时间旅行者，或者更加现实一点，一位园艺实习生。

1 搜集一组不同大小和形状的石头和岩石。

2 将它们放在一个外卖盒中。如果你想制作月球景观，请记住月球表面要有陨石坑；如果你在给恐龙打造觅食地，它们可能还需要藏身的洞穴；如果你正在打造假山，可以加一层土壤，同时寻找一些小花或苔藓来装饰它。

比赛堆高

和朋友比拼，看看谁能在倒塌之前用石头堆砌最高的塔楼。

搜寻化石

石灰石、砂岩、泥岩、白垩、煤、黏土石、火石——这些岩石都是由湖泊、海洋底部的沉积物所形成的，被压了数百万年，所以动物、植物甚至恐龙足迹都有可能保存在里面，等待着被小小考古学家发现。

1 搜寻海岸、采石场、农田、你家花园——任何可能有沉积岩表面暴露的地方。

2 拿起吸引你视线的岩石，用放大镜检查是否含有化石。

3 当你找到化石时，为它制作一个标签，写上你发现它的地点和时间，你认为它是什么，以及它属于哪种类型的岩石。

幼儿允许用一些想象力来识别"化石"——岩石上有漩涡或者上面有奇怪的斑点可能很容易被辨认为恐龙留下的印记。

大孩子如果想要做得更细致些，可以在网上寻找化石鉴定指南。大英自然博物馆官网的"地球实验室"板块里有2000多块化石和地质标本的图片，在那里他们可以比对自己的发现，并弄清楚那是什么。（也可以关注当地自然博物馆的各类化石和矿物标本陈列和相应的网站信息。）

（译注：上海读者可以关注上海自然博物馆的官方网站以获得相关信息。）

制作许愿石

1 找一块充满个性的石头。

2 在上面写下一个愿望。

3 把它放入河中或者埋入土里，等待愿望成真。

图书在版编目 (CIP) 数据

冬：发现夜空中的星座 /（英）哈蒂·加利克著；（英）南希·
霍尼摄影；刘楠译 .—上海：少年儿童出版社，2019.8
（野孩子手册）
ISBN 978-7-5589-0646-6

Ⅰ.①冬… Ⅱ.①哈… ②南…③刘… Ⅲ.①自然科学—儿童读
物Ⅳ.① N49
中国版本图书馆 CIP 数据核字（2019）第 117749 号

著作权合同登记号　图字：09-2017-376

©Text Hattie Garlick, 2016 Photography Nancy Honey, 2016 together with the
following acknowledgment: 'This translation of Born To Be Wild:
Hundreds of free nature activities for families is published by Juvenile & Children's
Publishing House by arrangement with Bloomsbury Publishing Plc.'

野孩子手册

冬：发现夜空中的星座

[英]哈蒂·加利克　著
[英]南希·霍尼　摄影
刘　楠　译
金杏宝　审校

责任编辑　王　慧　美术编辑　陈艳萍
责任校对　沈丽蓉　技术编辑　胡厚源

出版发行　少年儿童出版社
地址　上海延安西路 1538 号　邮编 200052
易文网　www.ewen.co　少儿网　www.jcph.com
电子邮件　postmaster@jcph.com

印刷　上海盛通时代印刷有限公司
开本　787×1092　1/16　印张　4.75
2020 年 3 月第 1 版第 1 次印刷
ISBN 978-7-5589-0646-6 / N·1117
定价　31.00 元